ACHTER JAHRESBERICHT

DER

WISSENSCHAFTLICHEN GESELLSCHAFT IN STRASSBURG

ERSTATTET

BEI DER JAHRESVERSAMMLUNG AM 11. JULI 1914

VON

HARRY BRESSLAU.

STRASSBURG
VERLAG VON KARL J. TRÜBNER
1916.

Hochansehnliche Versammlung!

Zum achten Male tritt heute unsere Wissenschaftliche Gesellschaft zu öffentlicher und festlicher Jahressitzung zusammen, und wiederum habe ich die Ehre und die Freude, zahlreiche Gäste, die unserer Einladung zu dieser Feier gefolgt sind, dankbar zu begrüßen. Ihr Erscheinen bestärkt uns in der Hoffnung, daß, je weiter die Arbeiten, denen wir uns widmen, fortschreiten und je vielseitiger sie sich gestalten, um so mehr auch die Teilnahme wachsen wird, welche die wissenschaftlich interessierten Kreise in Stadt und Land unseren Bestrebungen schenken.

Indem ich mich anschicke, über die Arbeiten des abgelaufenen Geschäftsjahres zu berichten, kann ich mit Genugtuung zunächst des großen Werkes der Acta conciliorum oecumenicorum gedenken, das dank der wunderbaren Arbeitskraft und Hingebung seines Herausgebers, des Herrn Schwartz, den wir zu unserer großen Freude jetzt wieder ganz den unsrigen nennen dürfen, in den nächsten Tagen zuerst vor die Öffentlichkeit treten wird. Nachdem wir im vorigen November für dies Unternehmen, das mehr als zwanzig Quartbände umfassen wird, mit der uns befreundeten Trübnerschen Buchhandlung einen für beide Kontrahenten befriedigenden Verlagskontrakt abgeschlossen haben, hat der Druck des Werkes mit dem zweiten Bande des vierten Hauptteiles begonnen und ist so energisch gefördert worden, daß ich bereits der heutigen Mitgliederversammlung die letzten Druckbogen werde vorlegen können. Vorarbeiten für die Ausgabe der Konzilsakten, durch die Einleitung und Sachkommentar entlastet werden sollen, wird der Herausgeber in unseren Schriften veröffentlichen; ein erstes Heft dieser Konzilstudien mit zwei Abhandlungen über Cassian und Nestorius sowie über echte und unechte Schriften des Bischofs Proklos von Konstantinopel ist soeben bereits erschienen; ein zweites Heft, das wertvolle, bisher unbekannte Aktenstücke zur Geschichte des ephesinischen Konzils aus einer athenischen Handschrift erstmals der Forschung erschließt, wird in Bälde folgen. Neues handschriftliches Material für das Werk dürfen wir auch von einer Forschungsreise nach Cairo und dem Sinai erwarten, die Herr Prof. K. Schmidt aus Berlin unternommen hat, und die wir mit einem Beitrage von 1000 Mark unterstützt haben. Dem ganzen Unternehmen aber ist eine wesentliche Förderung dadurch zuteil geworden, daß uns vor einigen Wochen von einem Mitglied unserer Gesellschaft die namhafte Gabe von 2000 Mark zum Besten unseres Konzilwerkes gespendet worden ist. Indem ich dem hochherzigen Geber, dessen Namen zu nennen mir nicht gestattet ist, auch an dieser Stelle den wärmsten Dank der Gesellschaft für sein großmütiges Geschenk ausspreche, versichere ich ihm zugleich, daß seine Voraussetzung: die Gesellschaft selbst werde die für das Unternehmen erforderlichen Mittel auch in Zukunft in gleichem und, wenn es nötig sein sollte, in höherem Maße als bisher zur Verfügung stellen, gewiß zutreffend ist und sein wird.

Von dem Sammelbuch griechischer Urkunden aus Ägypten, das unser Mitglied Herr Preisigke aus den Mitteln eines besonderen, dafür gestifteten Fonds herausgibt, sind drei Hefte erschienen, die vor dem Forum der wissenschaftlichen Kritik volle Anerkennung gefunden haben. Der Druck des vierten Heftes hat begonnen; mit ihm wird der erste Band des Werkes abgeschlossen werden, dem der zweite, die Indices enthaltende Band unmittelbar sich anschließen wird. Dem für dies Unternehmen errichteten Sonderfonds konnten wir aus dem Erlös für die bis zum Ende des Jahres 1913 abgesetzten Exemplare der beiden letzten Hefte den Betrag von 792 Mark wieder zuführen.

Nachdem Herr Preisigke das Sammelbuch so weit gefördert hat, wird er sich nunmehr in erhöhtem Maße den Arbeiten für das Wörterbuch der Papyrologie zuwenden können, für das wir wie die Heidelberger Akademie und wie ein privater Spender den in fünf Jahresraten zahlbaren Betrag von 5000 Mark bewilligt haben. Herr Preisigke hat ein ins einzelne gehendes Programm entworfen, das in diesen Tagen durch die dazu eingesetzte gemeinsame Kommission einer Beratung unterworfen werden soll.

Der Index zu den Novellae ad codicem Theodosianum pertinentes, dessen Ausgabe Herrn Gradenwitz leitet, befindet sich, nachdem die Ordnung der Zettel beendet worden ist, im Stadium der Revision. Voraussichtlich wird auch der Druck dieses Werkes im Herbst beginnen können.

Von den Schriften der Gesellschaft sind im Laufe des Jahres drei Hefte ausgegeben worden. Außer dem 20. Heft, das die schon vorhin erwähnten Konzilstudien des Herrn Schwartz enthält, sind dies: Heft 19, in dem die Herren Preisigke und Spiegelberg die Prinz-Joachim-Ostraka, interessante griechische und demotische Beisetzungsurkunden für Ibis- und Falkenmumien aus Ombos, publiziert haben, und Heft 21, das, von Herrn Hergesell herausgegeben, unter Mitwirkung der Herren Doktoren Georg Rempp, Arthur Wagner und Kurt Wegener, den ersten Teil der Beobachtungen und Ergebnisse des deutschen Observatoriums auf Spitzbergen veröffentlicht. Im Druck vollendet und zur Ausgabe bereit ist auch Heft 22, in dem Herr Sapper seinen anziehenden, in der Mitgliederversammlung vom 22. November 1913 in Gegenwart des Kaiserlichen Statthalters Grafen von Wedel gehaltenen Vortrag über die Bevölkerung Mittelamerikas in erweiterter Form der Öffentlichkeit zugänglich gemacht hat; diesem Hefte sind der Jahresbericht der Gesellschaft vom 12. Juli 1913 und ein Mitgliederverzeichnis nach dem Stande vom 1. Januar 1914 beigegeben.

Unter der Presse befinden sich Heft 18, eine von Herrn E. W. Crum veranstaltete Ausgabe der koptisch-theologischen Schriften eines aus dem 6. oder 7. Jahrhundert stammenden Papyrus-Codex der Bibliothek zu Cheltenham, zu der Herr Ehrhard einen erläuternden Beitrag liefert, und Heft 23, in dem Herr Privatdozent Dr. Alfr. Hessel eine Anzahl bisher ungedruckter Urkunden zur elsässischen Geschichte im 13. Jahrhundert ediert, die er bei den Vorarbeiten für den zweiten Band der Regesten der Bischöfe von Straßburg in Archiven und Bibliotheken des In- und Auslandes gesammelt hat. Vorbereitet wird endlich die Ausgabe eines weiteren Heftes, in dem ein junger Schweizer Gelehrter, Herr Dr. Guyer, die von ihm auf seinen Reisen in Mesopotamien gesammelten Bau- und Kunstdenkmäler dieses Landes veröffentlichen wird.

Aus dem Erlös für den Verkauf unserer Schriften im Jahre 1913 haben wir die Summe von 1106 Mark vereinnahmt, die dem Allgemeinen Fonds der Gesellschaft zugeführt worden sind, während wir andererseits aus diesem Fonds dem Privatdozenten Herrn Dr. Dold den Betrag von 250 Mark zur Förderung seiner Studien über die Bildung von Entzündungsstoffen im frischen und normalen Serum bewilligt haben. Für das Konzilienwerk hat uns die Repräsentation der Cunitz-Stiftung, der wir dafür zu verbindlichstem Danke verpflichtet sind, aufs neue die Summe von 4500 Mark, zahlbar in drei Jahresraten von je 1500 Mark, zugewandt. Im übrigen werden die Kosten für dies Unternehmen, sowie für die Mehrzahl unserer Schriften aus dem Zinsertrage der Trübnerstiftung bestritten, aus dem wir überdies auch im abgelaufenen Jahre 600 Mark für den Thesaurus linguae Latinae beigetragen haben. Jener Zinsertrag steht jetzt in vollem Umfang zu unserer Verfügung, da der Stand unserer Finanzen uns ermöglicht hat, die seinerzeit zur Bezahlung der Erbschaftssteuer für das Trübnersche Legat aufgenommene Schuld früher, als vorhergesehen war, vollständig zurückzuzahlen, so daß die Amortisation und Verzinsung dieser Schuld unser Budget nicht länger belasten. Aus der Engelmannstiftung ist uns auch im Jahre 1913 der Betrag von 1050 Mark von der philosophischen Fakultät unserer Hochschule überwiesen worden, der dem Herrn Dr. Hans Kunz zur Unterstützung seiner Arbeiten über den Zusammenhang der burgundischen mit der elsässischen kirchlichen Kunst bewilligt worden ist.

Nach außen hin haben wir den Kreis der gelehrten Gesellschaften, mit denen wir im Tauschverkehr der Schriften stehen, ausnahmsweise erweitert, um dem jungen und regsamen Institut d'estudis Catalans in Barcelona unsere Teilnahme an seinen Bestrebungen zu bezeugen. Freundliche Einladungen des Circolo matematico di Palermo und der deutschen Shakespeare-Gesellschaft in Weimar zu ihren diesjährigen Jubiläen haben wir mit Glückwunschschreiben beantwortet.

In der Jahresversammlung vom 12. Juli 1913 hat uns Herr Kisch durch einen höchst fesselnden Vortrag über das Recht und die Tonkunst erfreut.

Zu ordentlichen Mitgliedern der Gesellschaft sind im Laufe des Berichtsjahres gewählt worden die Herren Götz, Kaiser und Kohlrausch; Herr Prof. Beneschewisch in St. Petersburg, der uns durch seine Tätigkeit für das Konzilswerk besonders nahe getreten ist, wurde zum auswärtigen Mitglied gewählt. Aus der Zahl der ordentlichen in die der auswärtigen Mitglieder übergetreten sind am 1. Oktober 1913 Herr Störring, der nach Bonn berufen ist, am 1. April 1914 Herr Hergesell, der uns noch vor seiner Übersiedelung nach Berlin in der Sitzung vom 21. Februar einen gehaltvollen Vortrag über einige Probleme der neueren Meteorologie geschenkt hatte, sowie die Herren Keil und Littmann, die ehrenvollen Rufen nach Leipzig und Göttingen gefolgt sind. Daß sie uns auch in ihrem neuen Wirkungskreis eng verbunden bleiben, hoffen wir von Herzen, und wir freuen uns, heute einen von ihnen mit anderen unserer Freunde und Mitglieder von außerhalb wieder in unserer Mitte zu sehen. Durch den Tod wurde am 3. Oktober 1913 Herr Eduard Schär aus unserem Kreise abberufen; das Bild des tüchtigen und vielseitigen Gelehrten, des schlicht-bescheidenen, liebenswürdigen und treuen Mannes wird in unserem Gedächtnis fortleben.

Im Ausschuß der Gesellschaft ist an die Stelle des Herrn Weber Herr Bauschinger als Beisitzer getreten. Die Herren Wiegand und Rehm haben die Stellen des Kassenführers und des stellvertretenden Schriftführers miteinander vertauscht, und ich erfülle gern eine Pflicht der Dankbarkeit, indem ich der treuen Sorgfalt, mit der Herr Wiegand jahrelang die mühsamen Geschäfte unserer Finanzverwaltung besorgt hat, auch an dieser Stelle rühmend gedenke.

Das Leben unserer Gesellschaft bewegte sich in ruhigen Bahnen; aber wenn wir einen Rückblick auf die abgelaufenen acht Jahre ihres Bestehens werfen, so können wir, ohne unbescheiden zu sein, sagen, daß wir dem selbstgesteckten Ziele immer näher gekommen sind, und daß wir, wenn anders wir uns treu bleiben, auch der Zukunft getrost ins Auge blicken können.

NEUNTER JAHRESBERICHT

DER

WISSENSCHAFTLICHEN GESELLSCHAFT IN STRASSBURG

ERSTATTET

BEI DER JAHRESVERSAMMLUNG AM 10. JULI 1915

VON

HARRY BRESSLAU.

MIT DEM VERZEICHNIS

DER MITGLIEDER DER GESELLSCHAFT.

STRASSBURG
VERLAG VON KARL J. TRÜBNER
1916

Hochansehnliche Versammlung!

Als unsere Gesellschaft zum letztenmal in öffentlicher Sitzung zusammentrat, um vor den nicht zu unserem engeren Kreise gehörenden Gönnern und Freunden unserer Bestrebungen, die wir heute wie immer ehrerbietig und dankbar begrüßen, Rechenschaft abzulegen über die Arbeit des abgelaufenen Jahres — damals, am 11. Juli 1914 herrschte noch tiefer Friede in Europa. Zwar waren fern im Osten bereits dunkle Wolken am politischen Himmel aufgestiegen; aber noch durften wir die Hoffnung hegen, daß es der in langer Regierung stets bewährten Friedensliebe unseres Kaisers gelingen würde, noch einmal die furchtbare Gefahr eines Weltkrieges zu beschwören und dem Vaterlande den Frieden zu sichern, unter dessen Segnungen es so mächtig und kraftvoll emporgeblüht war. Das hat nicht sein sollen; und heute noch stehen wir, eng vereint mit unseren tapferen und treuen Bundesgenossen, gegen eine Übermacht von Feinden in dem größten Kampf, den die Weltgeschichte kennt. Wir haben ihn ruhmvoll bestanden; in Ost und West haben unsere wundervollen Heere das Übergewicht gewonnen, und wie fern auch sein Ende sein mag, der Ausgang des riesenhaften Völkerringens kann unverblendetem Urteil schon jetzt nicht mehr zweifelhaft erscheinen. Wir aber sind stolz darauf, daß an den Kämpfen, die zu so gewaltigen Erfolgen geführt haben, auch eine nicht kleine Zahl unserer Mitglieder teilgenommen hat, und es ist unsere gern erfüllte Pflicht, ihnen heute unseren Dank und unseren herzlichen Gruß zu entbieten und den Wunsch und die Hoffnung auszusprechen, daß es ihnen allen beschieden sein möge, wohlbehalten und sieggekrönt in die Heimat und zu der Arbeit des Friedens zurückzukehren.

Von solcher Arbeit auch in der harten Gegenwart nicht abzulassen, auch hier nicht abzulassen, wo der Krieg doch noch lebendiger und unmittelbarer empfunden wird als im Innern Deutschlands, hat unsere Gesellschaft für ihre Pflicht gehalten. Aber ganz leicht erfüllbar ist diese Pflicht nicht. Zwar das Wort 'Inter arma silent Musae' ist gewiß nicht mehr wahr. Aber gerade die gelehrte Arbeit, die Arbeit der Geistes- wie der Naturwissenschaften, bedarf nicht nur der ruhigen Stimmung, die jetzt inmitten der ungeheuren Spannung der Gemüter so schwer zu bewahren ist, sondern, insofern sie auf die Benutzung von Archiven und Bibliotheken, auf Ausgrabungen, Sammlungen, Beobachtungen in fremden und fernen Ländern und auf den Austausch der da und dort gewonnenen Ergebnisse angewiesen ist, bedarf sie auch der gesicherten internationalen Beziehungen, die nun der Krieg so grausam und wer möchte heute sagen auf wie lange Zeit unterbrochen hat. Aber doch nur unterbrochen und gewiß nicht für immer unterbunden. Denn die Wissenschaft wird nach dem Kriege international sein, wie sie vor dem Kriege international gewesen ist, weil sie ihrem Wesen und Begriffe nach nicht anders sein kann. Und die Woge giftigen Hasses, aus den Niederungen menschlicher Gesittung entsprungen, die jetzt, wie das deutsche Heer, so auch die deutsche Geistesarbeit zu lästern wagt, wird um so schneller verschwinden, je weniger wir uns um sie kümmern und je unbeirrter wir durch die Tat beweisen, daß der wissenschaftliche Fortschritt der Menschheit, ohne sich selbst aufzugeben, der deutschen Mitwirkung nicht entraten kann.

Im besonderen Sinne international, die Interessen aller christlichen Völker berührend, auf ihrer aller Teilnahme angewiesen und zu ihrer aller Teilnahme berechtigt ist das große Unternehmen der Acta conciliorum oecumenicorum, das unsere Gesellschaft ins Leben gerufen hat; und so ist es selbstverständlich, daß dies Werk einstweilen auch in besonderem Maße unter der Not der Zeit zu leiden hat. Durfte ich in der öffentlichen Sitzung des verflossenen Jahres mitteilen, daß ein erster Band, der zweite des vierten Hauptteiles, im Drucke vollendet sei, so kann ich heute zwar den fertigen Band auf dem Tische der Versammlung auslegen; aber veröffentlicht ist er noch nicht, weil die Verlagshandlung es für rätlich gehalten hat, seine Ausgabe zu verschieben. Jedoch niemand unter uns denkt daran, auf die Fortführung des Werkes unter der bewährten Leitung des Herrn Schwartz zu verzichten. Mittel und Wege, die dafür notwendigen handschriftlichen Vorarbeiten im Auslande auszuführen, werden sich finden lassen und sind schon erwogen worden. Und wenn die Ansprüche, welche die Fortführung des Werkes an die Geldmittel unserer Gesellschaft stellen mag, auf die Dauer nur zu befriedigen sein werden, wenn sein buchhändlerischer Vertrieb auch in den uns jetzt feindlichen Ländern möglich sein wird, so vertrauen wir fest darauf, daß man auch in ihnen gerade auf dem Gebiete der Kirchen- und Dogmengeschichte am wenigsten die deutsche Arbeit auf die Dauer wird entbehren wollen und entbehren können. Einstweilen aber sammelt Ihre Konzilienkommission einen Kriegsschatz, der wenigstens für die nächsten Bände zur Bestreitung aller Kosten ausreichen wird.

Internationaler Arbeit dient auch das Sammelbuch griechischer Papyrusurkunden aus Ägypten, das Herr Preisigke für unsere Gesellschaft herausgibt. Seine Publikation, über die in diesem Falle wir allein zu entscheiden haben, ist auch durch den Krieg nicht unterbrochen worden; das stattliche vierte Heft ist erschienen, und ich kann mitteilen, daß interessierte englische Gelehrte sich durch das bei ihnen geltende Verbot, deutsche Erzeugnisse zu kaufen, nicht haben abhalten lassen, einige Exemplare davon auf dem Umwege über ein neutrales Land zu beziehen. Das fünfte, weniger umfangreiche Heft ist unter der Presse; mit ihm wird der erste Band des Werkes abschließen; ein zweiter Band, der die Register enthält, soll alsbald folgen. Aber der Herausgeber ist zu unserer Freude bereit, die kritische Sammelarbeit auch in Zukunft fortzusetzen, und die heutige Mitgliederversammlung wird über die zu diesem Behuf gemachten Vorschläge zu beschließen haben.

Ebenso unentbehrlich wie das Sammelbuch wird für alle die, welche an der wissenschaftlichen Verwertung der ägyptischen Papyri interessiert sind, Juristen, Historiker, Philologen, Altertumsforscher u. a. m., in allen Ländern und Völkern das Wörterbuch der griechischen Papyrusurkunden werden, zu dessen Herausgabe sich unter Mitwirkung eines privaten Stifters die Heidelberger Akademie der Wissenschaften und unsere Gesellschaft verbunden haben und dessen Bearbeitung gleichfalls Herr Preisigke übernommen hat. Die zur Leitung dieses Unternehmens von den beiden gelehrten Gesellschaften eingesetzte Kommission ist am 12. Juli 1914 zusammengetreten und hat einen eingehenden Arbeitsplan für das Wörterbuch festgestellt, sowie die beteiligte Gelehrtenwelt durch ein weit verbreitetes Rundschreiben von der in Angriff genommenen Bearbeitung des Werkes und von den wichtigsten Grundzügen des Arbeitsplanes in Kenntnis gesetzt. Aus dem am 1. Februar 1915 bestimmungsgemäß von Herrn Preisigke erstatteten ersten Jahresbericht ergibt sich, daß auch dies Unternehmen rüstig fortschreitet und daß alle Aussicht dafür vorhanden ist, daß das Manuskript innerhalb der dafür vorgesehenen Arbeitszeit von 5 Jahren abgeschlossen werden wird.

Keine Förderung erfuhren dagegen im abgelaufenen Jahre die von Herrn Gradenwitz geleiteten Arbeiten für den Index zu den Novellae ad codicem Theodosianum pertinentes, da die beiden damit beauftragten Herren ins Feld gezogen sind.

Von den Schriften der Gesellschaft sind im letzten Geschäftsjahr erschienen Heft 22: Die Bevölkerung Mittelamerikas von Karl Sapper mit dem 7. Jahresbericht; Heft 23: Elsässische Urkunden, vornehmlich des 13. Jahrhunderts, herausgegeben von Alfred Hessel; Heft 24: Die Arthritis deformans als Allgemeinerkrankung von Georg Ledderhose (womit zum ersten Male auch die medizinische Wissenschaft in unseren Schriften vertreten ist), endlich das seit längerer Zeit vorbereitete 18. Heft: Der Papyrus-codex saec. VI—VII der Phillipsbibliothek zu Cheltenham. Koptisch-theologische Schriften, herausgegeben und übersetzt von W. E. Crum. Mit einem erläuternden Beitrag von Albert Ehrhard. Unter der Presse befindet sich seit kurzem das 25. Heft, das eine auch für die Geschichte der Mathematik wertvolle Arbeit des Herrn Prof. K. Sethe in Göttingen über ägyptische Zahlwörter enthalten wird, aus der aber nicht nur für die ägyptische, sondern auch für andere Sprachen mancherlei zu lernen sein wird. Die Aufnahme in unsere Schriften ist ferner beschlossen für die Fortsetzung des von Herrn Hergesell herausgegebenen Berichtes über die Beobachtungen und Ergebnisse des infolge der neuesten Ereignisse aufgelassenen deutschen Observatoriums auf Spitzbergen; auch die Vollendung der schon in meinem letzten Bericht erwähnten Arbeit des Herrn Dr. Guyer über die auf seinen mesopotamischen Reisen, in einer Gegend, die uns jetzt besonders interessiert, aufgenommenen Bau- und Kunstdenkmäler dürfen wir wohl in dem heute beginnenden Geschäftsjahre erwarten. Den Tauschverkehr mit unseren Schriften haben wir neuerdings erweitert, indem wir mit der argentinischen Universität zu La Plata eine Tauschverbindung angeknüpft haben.

Aus dem deutschen Papyruskartell, das ohnehin jetzt außer Tätigkeit ist, sind wir ausgetreten; seine Zukunft wird wesentlich von dem künftigen Geschicke Ägyptens abhängen. Für den Thesaurus linguae Latinae haben wir der mit dessen Herausgabe betrauten akademischen Kommission auch im abgelaufenen Jahr einen Beitrag von 600 Mark gewährt. Herrn Privatdozenten Dr. Parnas haben wir 450 Mark zur Förderung seiner Untersuchungen über den Kohlenhydrat-Stoffwechsel der Muskeln bewilligt. Zur Unterstützung der durch den Krieg geschädigten Bewohner Elsaß-Lothringens haben wir 1000 Mark aus dem allgemeinen Fonds beigetragen. Von der philosophischen Fakultät der Universität ist uns mitgeteilt worden, daß unserer Gesellschaft aus der Engelmann-Stiftung je 1050 Mark für die Jahre 1914 und 1915, im ganzen also 2100 Mark zur Verfügung gestellt werden können; Vorschläge zur Verleihung dieser Stipendien, die in der Regel zu wissenschaftlichen Reisen bewilligt wurden, sind aber in diesem Kriegsjahre nicht gemacht worden und werden wohl bis zur Wiederherstellung des Friedens verschoben werden müssen. Auch aus der Theodor-Ludwig-Stiftung ist eine Verleihung nicht erfolgt.

Aus dem Verkauf unserer Schriften im Jahre 1914 haben wir 1119,65 Mark vereinnahmt; aus dem Verkauf des Sammelbuches griechischer Papyrusurkunden sind uns 577,50 Mark zugeflossen. Wir haben wie den ersteren Betrag, so auch den letzteren dem allgemeinen Fonds zugeführt, was in betreff der Einnahmen für das Sammelbuch mit den Vorschlägen zusammenhängt, die Ihnen der Ausschuß in der anschließenden Mitgliederversammlung hinsichtlich dieses Werkes machen wird, und wie diese Vorschläge noch Ihrer Genehmigung bedarf. Die Finanzlage der Gesellschaft können wir, da infolge des Krieges größere Ansprüche an unsere Kasse nicht gestellt worden sind, als eine recht günstige bezeichnen. Vorbehaltlich der genaueren Mitteilungen, die Ihnen, wie hergebracht ist, in der Mitgliederversammlung vom November werden gemacht werden, beschränke ich mich heute auf die Angabe, daß wir aus den Zinserträgnissen des allgemeinen und des Trübnerfonds 10 000 Mark und aus dem Fonds der Konzilienkommission 3500 Mark in deutscher Kriegsanleihe angelegt haben, und es wird voraussichtlich möglich sein, daß wir uns auch an der nächsten Kriegsanleihe mit einem unseren flüssigen oder demnächst flüssig werdenden Mitteln entsprechenden größeren Betrage beteiligen können. Wir werden so nach Herstellung des Friedens für die von uns bisher übernommenen Verpflichtungen und wohl auch für neue Aufgaben, die an uns herantreten können, finanziell gut gerüstet sein.

Am 11. Juli des vorigen Jahres hat in der öffentlichen Sitzung Herr Spiegelberg einen fesselnden Vortrag über die Ausgrabungen der deutschen Orientgesellschaft in einer ägyptischen Königsstadt gehalten. Von den zwei üblichen Mitgliederversammlungen des Winters ist die Novembersitzung, für die kein Beratungsstoff vorlag, ausgefallen; in der Februarsitzung dieses Jahres, die in dem von Herrn Jost gütigst zur Verfügung gestellten Botanischen Institut abgehalten wurde, hat Herr Schwalbe uns durch seinen Vortrag über die neuesten Funde des Urmenschen reiche Aufklärung geboten.

Aus der Zahl unserer Mitglieder haben wir durch den Tod verloren: am 8. März 1915 Herrn Wiegand, der nach schweren und langen Leiden ein sanftes Ende gefunden hat, und am 30. April Herrn Stilling, die beide seit den Anfängen unserer Gesellschaft zu uns gehörten. Wir werden den beiden trefflichen Männern, die sich in weiten Kreisen hoher Wertschätzung erfreuen durften, ein treues Gedenken bewahren, und in der Geschichte unserer Gesellschaft werden insbesondere die Verdienste, die sich Herr Wiegand als treuer und kluger Verwalter unserer Finanzen, als kundiges und umsichtiges Mitglied unseres Ausschusses erworben hat, stets unvergessen bleiben. Durch die Verlegung ihres Wohnsitzes außerhalb Elsaß-Lothringens sind aus der Reihe der ordentlichen in die der auswärtigen Mitglieder satzungsgemäß übergetreten die Herren Hergesell, Preisigke, Smend und Wenckebach. Daß die beiden erstgenannten nach wie vor an unseren Arbeiten teilnehmen, habe ich dankbar schon zu berichten gehabt; wir hoffen aber, daß alle von uns geschiedenen Mitglieder auch in der neuen Heimat mit uns im Geiste verbunden bleiben. Zu Mitgliedern gewählt wurden im Laufe des Jahres die Herren Faber, Friederici, Frickenhaus, Polaczek, v. Recklinghausen, Schneider, van Werveke, Wilckens; ich gebe gern auch öffentlich unserer Freude über ihren Eintritt in unseren Kreis Ausdruck.

Mit dem heutigen Tage ist die dreijährige Amtsperiode des im Juli 1912 gewählten Ausschusses abgelaufen, und Sie werden in der anschließenden Mitgliederversammlung den Ausschuß für die nächsten drei Jahre zu wählen haben. Während dieses Trienniums werden nach der Beendigung des Weltkrieges in einem neuen Europa und durch ein neues Deutschland die gewaltigsten Aufgaben auf dem Gebiete der geistigen wie der materiellen Kultur zu lösen sein. Möge es unserer Gesellschaft beschieden sein, innerhalb der ihr gesteckten besonderen Ziele und nach dem Maße der ihr zu Gebote stehenden Kräfte und Mittel an der Lösung dieser Aufgaben mitzuarbeiten!

VERZEICHNIS DER MITGLIEDER

DER

WISSENSCHAFTLICHEN GESELLSCHAFT ZU STRASSBURG

(1. Januar 1916)

1. ORDENTLICHE MITGLIEDER:

Albrecht, P.
Anrich, G.
Back, O.
Bauschinger, J.
Bayer, H.
Böckenhoff, K.
Bour, S., in Metz.
Braun, F.
Bresslau, H.
Bronnert, E., in Niedermorschweiler.
Bücking, H.
Cahn, A.
van Calker, F.
Clauss, J., in Schlettstadt.
Chiari, H.
Cohn, E.
Dehio, G.
Döderlein, L.
Ehrhard, A.
Ernst, Chr., in Metz.
Ewald, R.
Faber, G.
Fahrner, I.
Fehling, H.
Ficker, J.
Frickenhaus, Aug.
Friederici, G., in Dorlisheim.
Gerland, G.
Goette, A.
Hecker, Ad.
von Hecker, O.
Heinisch, P.
Henning, R.
Hertel, E.
Hofmeister, F.
Jost, L.
Jung, E.
Kaiser, H.
Keibel, Fr.
Keune, B., in Metz.
Kisch, W.
Klostermann, E.
Knapp, G. F.
Knecht, Aug.
Kohlrausch, Ed.
Koeppel, E.
Kröll, H.
Küchler, F.
Laband, P.
Landauer, S.
Lang, A.
Ledderhose, E.
Lenel, W.
Leumann, E.
Levy, E.
Lobstein, P.
Madelung, O. W.
Manasse, P.
Mayer, E.
Mayer, M. E.
Molitor, H., in Colmar.
Müller, E.
Neumann, K. J.
Nöldeke, Th.
Nölting, E., in Mülhausen.
Nowack, W.
Plasberg, O.
Polaczek, E.
Rathgen, B.
von Recklinghausen, H.
Rehm, H.
Reye, Th.
Rohr, I.
Sapper, K.
Sartorius, Frh. v. Waltershausen, A.
Schmiedeberg, O.
Schneider, A.
Schorbach, K.
Schultz, F.
Schultz-Gora, O.
Schultze, A. S.
Schur, F.
Schwalbe, G.
Schwartz, Ed.

Simmel, G.
Simon, M.
Spahn, M.
Spiegelberg, W.
Spitta, F.
Stapper, R.
Thiele, J.
Thrämer, E.
von Tuhr, A.
Uhlenhuth, P.
Wedekind, E.
Weidenreich, F.
Wellstein, J.
van Werveke, L.
Wilckens, O.
Winckelmann, O.
Wittich, W.
Wolfram, G.
Wollenberg, R.

2. AUSWÄRTIGE MITGLIEDER:

Bäumker, Cl., in München.
Beneschewitsch, Wl., in St. Petersburg.
Beer, G., in Heidelberg.
Biedert, Ph., in Darmstadt.
Czerny, A., in Berlin.
von Dobschütz, E., in Halle.
Faulhaber, M., in Speyer.
Goetz, W., in Leipzig.
Gradenwitz, O., in Heidelberg.
Hergesell, H., in Lindenberg bei Berlin.
Keil, B., in Leipzig.
Krazer, A., in Karlsruhe.
Laqueur, R., in Gießen.
Lenel, O., in Freiburg.
Littmann, E., in Göttingen.
Mayer, O., in Leipzig.
Preisigke, Fr., in Ziegelhausen bei Heidelberg.
Moritz, F., in Köln.
Reitzenstein, R., in Göttingen.
Schramm, E., in Bautzen.
Schüle, H., in Illenau.
Smend, J., in Münster.
Störring, G., in Bonn.
Timann, F., in Berlin.
Wenckebach, F., in Wien.
Winter, F., in Bonn.
Zahn, J., in Würzburg.
Ziegler, Th., in Frankfurt a. M.

GESCHÄFTSFÜHRENDER AUSSCHUSS:

Vorsitzender: H. Bresslau.
Stellvertretender Vorsitzender: G. Schwalbe.
Schriftführer: J. Ficker.
Stellvertretender Schriftführer: Ed. Schwartz.
Kassenführer: H. Rehm.
Beisitzer: J. Bauschinger, A. Ehrhard.

www.ingramcontent.com/pod-product-compliance
Lightning Source LLC
LaVergne TN
LVHW080756300926
849162LV00008BA/1830

* 9 7 8 3 1 1 2 6 6 9 9 7 6 *